EXPLORATION SCIENTIFIQUE DE LA TUNISIE

ÉTUDE

DES

BRYOZOAIRES TERTIAIRES

RECUEILLIS EN 1885 ET 1886 PAR M. PH. THOMAS

DANS LA RÉGION SUD DE LA TUNISIE

PAR

FERDINAND CANU

PARIS

IMPRIMERIE NATIONALE

MDCCCCIV

EXPLORATION

SCIENTIFIQUE

DE LA TUNISIE

PUBLIÉE

SOUS LES AUSPICES DU MINISTÈRE DE L'INSTRUCTION PUBLIQUE

PALÉONTOLOGIE

BRYOZOAIRES

EXPLORATION SCIENTIFIQUE DE LA TUNISIE

ÉTUDE

DES

BRYOZOAIRES TERTIAIRES

RECUEILLIS EN 1885 ET 1886 PAR M. PH. THOMAS

DANS LA RÉGION SUD DE LA TUNISIE

PAR

FERDINAND CANU

PARIS

IMPRIMERIE NATIONALE

MDCCCCIV

M. Canu a bien voulu se charger de l'étude des quelques Bryozoaires tertiaires qui font l'objet du présent mémoire. Ces Bryozoaires, sauf un, ont tous été recueillis par moi, au cours de deux reconnaissances géologiques que j'ai faites, en 1885 et en 1886, dans le Sud de la Tunisie, comme membre de la Mission de l'exploration scientifique organisée sous les auspices du Ministère de l'Instruction publique.

Déjà mes Bryozoaires crétacés avaient été étudiés et décrits ici même, par mon savant collaborateur et ami M. Peron[1].

Comme ces derniers, les types qui ont servi à la présente étude seront tous déposés dans les collections de paléontologie du Muséum d'histoire naturelle de Paris.

Un mémoire résumant et coordonnant les observations des géologues attachés à la Mission est en préparation et donnera les renseignements stratigraphiques nécessaires sur les gisements dans lesquels ces Bryozoaires ont été recueillis. Ils proviennent de trois niveaux bien distincts des formations éocènes du Sud de la Tunisie. Ces niveaux correspondent respectivement à l'Étage inférieur, à l'Étage moyen et à l'Étage supérieur de ces formations. Il semble difficile, dans l'état actuel de nos connaissances, de paralléliser exactement ces étages avec ceux devenus classiques de l'autre côté du bassin méditerranéen. À l'exemple des géologues algériens, de Pomel et de Tissot notamment, j'avais cru devoir assimiler à notre Suessonien d'Europe le niveau phosphatifère qui occupe la base de la formation éocène du Sud de la Tunisie, mais un nouvel examen des documents en ma possession me décide à abandonner toute assimilation prématurée. Je désignerai donc simplement ce niveau, en y comprenant les calcaires à grandes Nummulites du Centre et du Nord, par le nom d'Éocène inférieur.

[1] A. Peron, *Description des Brachiopodes, Bryozoaires et autres invertébrés fossiles des terrains crétacés de la région Sud des Hauts-Plateaux de la Tunisie* in *Exploration scientifique de la Tunisie*; Paris, Imprimerie nationale, 1893, pp. 339-366 et Atlas tab. XXX, fig. 1-49.

Au-dessus vient un étage marno-calcaire, que je désignerai sous le nom d'Éocène moyen, principalement caractérisé par de puissantes lumachelles ostréennes. Cet étage est très développé dans le Centre de la Tunisie, où sa transgression est certaine. M. Pervinquière, qui l'a très bien étudié[1], pense qu'il a pu s'étendre jusque dans le Sud, où se retrouvent les lumachelles principalement composées d'*Ostrea multicostata* Deshayes et de ses nombreuses variétés; mais il n'est pas démontré que celles-ci soient du même âge que celles du Nord et du Centre, où l'*Ostrea Clot-Beyi* Bellardi et les *Carolia* avec d'autres fossiles caractéristiques apparaissent en grand nombre.

Enfin, au-dessus du précédent étage et dans le Centre et le Nord de la Tunisie seulement, on observe un étage Éocène supérieur, généralement calcaréo-gréseux et ferrugineux et offrant avec l'Éocène moyen une discordance de transgressivité, constatée par M. Pervinquière. Au Djebel Cherichira, où j'ai le premier étudié cet étage, il présente avec l'étage moyen une discordance angulaire due à un accident éruptif local que j'ai signalé[2]; mais au Djebel Nasser-Allah, j'ai pu constater sa superposition directe aux marnes à *Turbinella prisca* Locard, *Carolia placunoides* Cantraine, *Ostrea multicostata* var. *gryphoides* Loc. et *Ostrea Punica* Thomas[3]. Parmi les fossiles que j'ai moi-même recueillis dans cet étage avec les Bryozoaires décrits dans ce fascicule, je citerai seulement : *Voluta jugosa* Sowerb., *Turritella obruta* Loc., *Pecten subtripartitus* d'Arch., *Pecten* (*Ostrea*) *arcuatus* Brocch., *Echinolampas Perrieri* de Lor., *Schizaster Africanus* de Lor. et de nombreuses petites Nummulites (*N.* cf. *Bouillei* de la Harpe), fossiles qui se retrouvent dans l'Éocène supérieur d'Europe et d'Égypte. Cette faune a d'ailleurs été étudiée et décrite en partie par M. Locard dans les publications de la Mission[4]. Je regrette de n'avoir pu partager l'avis de ce savant conchyliologiste au sujet de *Carolia placunoides*

(1) Pervinquière, *Étude géologique de la Tunisie centrale*, Paris, de Rudeval, 1903.

(2) Ph. Thomas, *Recherches sur quelques roches ophitiques du Sud de la Tunisie*, in *B. S. G. F.* série 3, XIX, 1891, p. 452, fig. 3.

(3) Ph. Thomas, *Gisements de phosphate des Hauts-Plateaux de la Tunisie*, in **B. S. G. F.** série 3, XIX, 1891, p. 394 et pl. XII, fig. 5. — Idem, *Description de quelques fossiles nouveaux ou critiques des terrains tertiaires et secondaires de la Tunisie*, in *Exploration scientifique de la Tunisie*; Imprimerie nationale, 1893, p. 12 et Atlas, pl. XIII, fig. 1.

(4) A. Locard, *Description des Mollusques fossiles des terrains tertiaires inférieurs de la Tunisie*, in *Exploration scientifique de la Tunisie*; Imprimerie nationale, 1889, p. 11 et 66 et Atlas, tab. VII à XI.

et de *Pecten arcuatus*, dont il a cru devoir faire des espèces nouvelles sous les noms de *Placuna cymbalea* et de *Pecten nucalis;* les documents recueillis depuis dans les mêmes localités et aux mêmes niveaux, par Le Mesle et par M. Pervinquière, sans doute mieux conservés que les miens, ayant permis l'assimilation complète de ces espèces à celles antérieurement créées par Cantraine et par Brocchi.

De son côté, M. Pervinquière a classé la faune Éocène supérieure du Cherichira, qu'il qualifie de «très caractéristique», sur l'horizon de Priabona (Vicentin), lequel se présente ici comme partout avec des caractères mixtes qui le subordonnent aux caprices de l'accolade. Aussi ce savant s'est-il demandé s'il n'a pas «vieilli cette faune et si une partie des couches au moins ne représenterait pas l'Oligocène[1]»?

Or il se trouve que tel est aussi le sentiment de M. Canu, en ce qui concerne une partie au moins des Bryozoaires que je lui ai remis de ce niveau et recueillis au Djebel Nasser-Allah. Il y voit surtout des types des calcaires à Polypiers de Crosaro, dans le Vicentin, calcaires que Hébert et Munier-Chalmas considéraient comme *supérieurs* au groupe de Priabona et *inférieurs* aux marnes de Laverda, celles-ci représentant seules, pour eux, la base du Miocène inférieur[2]. Mais quelques auteurs classent à présent Crosaro en entier à la base du Miocène, et M. Canu est de cet avis.

Je ne saurais prendre parti dans cette discussion. La divergence, apparente ou réelle, des résultats donnés par l'étude des Mollusques et des Échinodermes[3], d'une part, par celle des Bryozoaires, d'autre part, en ce qui concerne la localité de Nasser-Allah, n'a du reste rien qui doive surprendre, étant donné les conditions de rapidité dans lesquelles se sont effectuées les premières reconnaissances de la Tunisie. J'ai dû, pour ma part, parcourir en moins de dix mois une surface égale au tiers, au moins, de celle de toute la Régence et, cette première reconnaissance faite, il ne m'a pas été donné de revoir une seule des localités visitées dans ces courses rapides, au milieu de difficultés de toutes sortes. Je ne puis donc affirmer, dans ces conditions, que j'ai su partout mettre

(1) Pervinquière, *loc. cit.*, p. 206.

(2) Hébert et Munier-Chalmas, *Recherches sur les terrains tertiaires de l'Europe méridionale*, in *Compt. rend. Acad. sc.*, LXXXV, 1877.

(3) V. Gauthier, *Description des Echinides fossiles recueillis en 1885 et 1886 dans la région Sud des Hauts-Plateaux de la Tunisie par M. Ph. Thomas;* Imprimerie nationale, 1889, p. 11 et 116; Atlas, tab. I à VI.

d'accord, dans mes notes, la stratigraphie aussi rapidement entrevue avec mes faunes hâtivement recueillies. De là des divergences possibles entre les unes et les autres, que tous ceux qui font de la géologie sur le terrain comprendront, et des hésitations que l'avenir seul pourra rectifier.

Voici les numéros de correspondance avec les trois étages sus-indiqués, des fossiles décrits dans le présent fascicule et figurés sur les planches XXXIII, XXXIV et XXXV.

1° ÉOCÈNE INFÉRIEUR.

Djebel Seldja. — N°s 3 et 6.
Oued-el-Aachen. — N° 4.
Djebel Stah. — N°s 5 et 6.
Djebel Blidji. — N°s 2, 8 et 26.

Les quatre localités ci-dessus sont toutes situées dans le massif Ouest de Gafsa.

2° ÉOCÈNE MOYEN.

Djebel Cherichira (à l'Ouest de Kairouan), zone à *Ostrea Clot-Beyi* Bellardi, à *Fibularia Lorioli* Thomas et Gauthier et à *Thagastea Wetterlei* Pomel. — N° 7.

Djebel Nasser-Allah (au Sud de Kairouan), zone à *Ostrea multicostata* Desh., var. *strictiplicata* Raul. et Delb., var. *Bogharensis* Nicaise et var. *gryphoides* Loc.; zone à *Carolia* et à *Ostrea Punica* Thomas. — N° 1.

3° ÉOCÈNE SUPÉRIEUR.

Djebel Nasser-Allah. — Zone marneuse, à position indécise, semblant être supérieure à la précédente, mais vue sur un espace trop restreint (quelques mètres carrés) pour que je puisse être affirmatif. Ce seul point a fourni à lui seul plus de Bryozoaires que tous les autres, presque tous sur Polypiers. — N°s 9 à 13, 15 à 23, 25, 27 à 29.

Djebel Nasser-Allah. — Grès ferrugineux à petites Nummulites et à *Pecten subtripartitus* d'Arch. — N°s 14 et 24.

Philippe Thomas.

Avril 1904.

Des recherches spéciales n'ont pas été faites pour la récolte des Bryozoaires tertiaires par la Mission scientifique tunisienne. Ils ont été recueillis au hasard. Ils sont relativement rares et dans un état de conservation qui est loin d'être parfait, lequel a nécessité de nombreuses retouches aux photographies. Néanmoins les 30 espèces étudiées constituent un ensemble déjà important et qui laisse bien augurer de l'avenir. Nous les avons figurées toutes non seulement pour en faciliter la détermination, mais pour deux autres raisons capitales : d'abord pour appeler l'attention des zoologistes et des paléontologistes sur cette classe d'animaux dont la valeur stratigraphique commence à être bien comprise; ensuite, pour montrer l'exactitude de nos déterminations, exactitude qui pourrait être suspectée après ma conclusion divergente sur la localité de Djebel Nasser-Allah.

La bibliographie paléontologique seule est indiquée; elle est même restreinte à la bibliographie illustrée. La bibliographie complète des espèces connues aurait augmenté bien inutilement l'étendue de ce travail.

Pour les mesures micrométriques, le millimètre est pris pour unité. Voici nos abréviations :

Lo = Longueur de l'opésie.
lo = Largeur de l'opésie.
La = Longueur ou hauteur de l'apertura.
la = Largeur de l'apertura.
Lz = Longueur de la zoécie.
lz = Largeur de la zoécie.
C. C. = Collection Canu.
Bibl. zool. = Bibliographie zoologique.

Tous les échantillons ont été déposés au Muséum d'histoire naturelle de Paris. Je les ai classés et étiquetés moi-même. Un seul exemplaire : *Membranipora Flicki*, fait partie de la collection de la Sorbonne.

F. Canu.

Avril 1904.

ÉNUMÉRATION

DES PRINCIPALES MONOGRAPHIES CITÉES.

1845. – Michelin. Iconographie zoophytologique.

1847. – Reuss. Die fossilen Polyparien des Wiener Tertiärbeckens.

1859. – Busk. The fossil Polyzoa of the Crag.

1864. – Reuss. Zur Fauna des deutsch. Oberoligocäns. (*Sitzungsb. d. math.-nat. Cl. d. k. Akad. Wissensch. Wien.*)

1866. – Reuss. Die Foraminiferen, Anthozoen und Bryozoen des deutschen Septarienthones. (*Denkschr. k. Akad. Wissensch. Wien*, XXV.)

1869. – Reuss. Paläontologische Studien über die älteren Tertiärschichten der Alpen. (*Denkschr. k. Akad. Wissensch. Wien*, XXIX.)

1869-1870. – Manzoni. Briozoi Pliocenici Italiani. (*Sitzungsb. d. math.-nat. Cl. d. k. Akad. Wissensch. Wien.*)

1874. – Reuss. Die fossilen Bryozoen des Österreichisch-Ungarischen Miocäns.

1875. – Manzoni. I Briozoi del pliocene antico di Castrocaro.

1880. – Seguenza. Le formazioni terziarie nella provincia di Reggio (Calabria). (*Mem. R. Accad. d. Lincei.*)

1887. – Pergens. Pliocäne Bryozoen von Rhodos. (*Annalen des k. k. naturhistorischen Hofmuseums*, II.)

1889. – Jelly. A Synonymic Catalogue of marine Bryozoa.

1893. – Gregory. On the British Palæogene Bryozoa. (*Transactions of the zoological Society of London*, XIII.)

1895. – Neviani. Briozoi della Farnesina.

1900. – Neviani. Briozoi neogenici delle Calabrie. (*Palæontographia italica*, VI.)

ÉTUDE
DES BRYOZOAIRES TERTIAIRES
DE LA RÉGION SUD DE LA TUNISIE.

PL. XXXIII, Fig. 1.

1. Membranipora elliptica Hag. [1839].

Bibliographie paléontologique :

1847. *Membranipora nobilis* Reuss, *Wien. Tert.*, p. 98, pl. 11, fig. 26.
1859. *Membranipora monostachys* Busk, *Crag Polyz.*, p. 31, pl. 2, fig. 2.
1874. *Membranipora elliptica* Reuss, *Österr.-Ung.*, p. 439, pl. 9, fig. 1-2.

Nous ne donnons ici que la bibliographie pour les terrains tertiaires, car cette espèce débute dans le Crétacé. Elle est extrêmement commune dans tout le Miocène européen. Je crois bien que les auteurs italiens l'appellent *Membranipora irregularis* D'Orb. Je n'aurais pas hésité à faire l'identification si Manzoni[1] n'avait pas figuré des sortes d'ovicelles qui ne se rencontrent jamais dans *M. elliptica* et si Neviani[2] n'avait pas déclaré cette figure exactement semblable à l'original. Peut-être l'auteur n'a-t-il figuré qu'une altération rarissime?

Habitat. — Pour Pergens[3] *Membranipora elliptica* Hag. est l'espèce actuelle *Membranipora monostachys* Bk. C'est possible et probable. Mais comme je n'ai pu encore vérifier le fait échantillon à échantillon, je m'en rapporte aux figures des fossiles publiées.

Distribution géologique. — **Oligocène** de Transylvanie (Perg.). **Burdigalien** de l'Aude et du Gard (C. C.). **Helvétien** d'Italie (Seg.), de Touraine (C. C.), du Gard et de l'Hérault (C. C.). **Tortonien** d'Autriche-Hongrie (Rss), du Gard (C. C.). **Sahélien** d'Oran (C. C.). **Astien** d'Angleterre (Busk). **Pliocène** de Rhodes (Perg.).

TUNISIE.

Mesures micrométriques. — Elles concordent avec les mesures précédemment publiées.

Opésie	Lo = 0,28-0,30	Zoécie	Lz = 0,36
	lo = 0,14		lz = 0,21

Localités. — Éocène moyen du Djebel Nasser-Allah : *a*. Zone à *Carolia* sur

(1) Manzoni, *Castrocaro*, pl. 1, fig. 6 et 8 [1875].
(2) Neviani, *Brioz. foss. Ital.*, contr. 2, p. 9 [1893].
(3) Pergens, *Plioc. Bryoz. Rhodos*, p. 15 [1887]. Il s'en réfère d'ailleurs à l'opinion de Busk, qui me paraît parfaitement exacte.

Ostrea Punica Th., var. *major*; *b*. Zone n° 2 sur *Ostrea multicostata* Deshayes, var. *strictiplicata* Raulin et Delbos.

PL. XXXIII, Fig. 2.

2. Membranipora Lacroixii Auct.

Bibliographie paléontologique :

1845. *Membranipora reticulum* Michelin. *Icon. zoophyt.*, p. 74, pl. 16, fig. 5.
1847. *Membranipora reticulum* Reuss, *Wien. Tert.*, p. 98, pl. 11, fig. 25.
1874. *Membranipora Lacroixii* Reuss, *Österr.-Ung.*, p. 40, pl. 9, fig. 6-8.
Bibl. zool. *Membranipora Lacroixii*, Hincks, Smitt, Waters.

La synonymie de cette espèce est très confuse. Les auteurs l'ont identifiée avec la forme confuse que Linné nommait *Membranipora reticulum*. De plus, un certain nombre d'espèces tout à fait distinctes lui ont été rapportées sur l'autorité des premières synonymies absolument erronées. Il n'est pas même certain que l'espèce de Hincks soit celle d'Audouin (Waters). Dans ces cas douteux il est prudent de ne s'en rapporter qu'aux bonnes figures. Or le fossile *Membranipora Lacroixii* de Reuss est indubitablement l'espèce actuelle de Hincks, Smitt, Waters. J'appelle donc de ce nom tous les exemplaires qui se rapportent aux excellentes figures de ces auteurs. Je tiens pour nulles toutes les déterminations publiées par les observateurs qui n'ont pas indiqué les figures sur lesquelles ils les ont faites.

Hab. — Atlantique : de la Floride au cercle polaire, jusqu'à 70 mètres. Sa présence dans la Méditerranée n'est pas certaine. Un seul échantillon a été trouvé par Calvet en Corse.

Distrib. géolog. — Donnée dans les limites précédemment fixées. **Oligocène** de Buda (Perg.). **Burdigalien** des Angles (Perg.), du Gard et de l'Hérault (C. C.). **Helvétien** d'Italie (Mich., Seg.), du Gard et de l'Hérault (C. C.). **Tortonien** d'Autriche-Hongrie (Rss). **Plaisancien** d'Angleterre (H.). **Astien** d'Angleterre (H.). **Quaternaire** d'Angleterre (Bell).

TUNISIE.

Mesures micrométriques. — Les dimensions, la forme zoéciale, les cellules closes, ne laissent aucun doute sur la détermination de cette espèce.

Opésie	Lo = 0,32	Zoécie	Lz = 0,39
	lo = 0,21		lz = 0,26-0,30

Localité. — Du Djebel Blidji vers le Nord (massif à l'Ouest de Gafsa), sur *Ostrea Punica* Th.

PL. XXXIII, Fig. 3.

3. Membranipora varians nov. sp.

Diagnose. *Zoarium* encroûtant. — *Zoécies* irrégulièrement hexagonales, allongées, séparées par un très léger sillon; cadre peu saillant, arrondi.

légèrement excavé, plus étroit en haut; portant souvent des tubercules aux angles; opésie totale, légèrement antérieure, irrégulière, le plus souvent subelliptique. — *Ovicelle?*

Opésie..... { Lo = 0,21-0,28 ; lo = 0,14-0,20 } | Zoécie..... { Lz = 0,35-0,39 ; lz = 0,35 }

Affinités. — Cette espèce est très polymorphe. Il faudrait cinq ou six dessins pour en figurer les variations. Nous avons choisi les zoécies qui nous ont paru les plus significatives.

Par ses tubercules angulaires, elle se rapproche de *Membranipora tuberculata* Busk, un fossile du Crag anglais. Mais cette dernière présente un double cadre.

Localité. — Éocène inférieur du Djebel Seldja (massif à l'Ouest de Gafsa), sur *Ostrea multicostata* Desh.

PL. XXXIII, Fig. 4.

4. Membranipora excavata nov. sp.

Diagnose. *Zoarium* encroûtant. — *Zoécies* petites, irrégulières, généralement ovales, la pointe en haut, séparées par un léger sillon; cadre très large, peu saillant, excavé à l'intérieur, plus large en bas; opésie antérieure, petite, irrégulière, enfoncée généralement la pointe en haut. — *Ovicelle?*

Opésie..... { Lo = 0,14-0,18 ; lo = 0,10 }

Affinités. — Aucune espèce connue ne se rapproche de cette membranipore.

Localité. — Éocène inférieur de l'Oued-el-Aachen (massif à l'Ouest de Gafsa), sur *Ostrea uncifera* Leym.

PL. XXXIII, Fig. 5, 6, 7, 8, 9, 10, 11.

5. Membranipora Eocena Busk [1866].

Bibliographie paléontologique :

1866. *Biflustra Eocena* Busk, in *Geol. Mag.*, III, p. 300, pl. 12, fig. 2.
1889. *Membranipora* (*Biflustra*) *Eocena* Vine, in *Proceed. Geol. and Polyt. Soc. of Yorkshire*, XI, p. 160, pl. 5, fig. 4.
1893. *Membranipora Eocena* Gregory, *Brit. Palæg. Bryoz.*, p. 228, pl. 29, fig. 2.

Distrib. géolog. — **Thanetien** et **Ypresien** d'Angleterre (Greg.).

TUNISIE.

Var. β. **minor.**

Diagnose. *Zoarium* encroûtant des algues, formé de plusieurs couches superposées. — *Zoécies* allongées, elliptiques, adjacentes ou séparées par un sillon, variables suivant les couches; cadre assez épais, arrondi, peu saillant; opésie médiane, elliptique. — *Zoécies closes* convexes, avec une petite opésie allongée. — *Avicellaires* rares, très petits, aux angles de jonction des cadres.

Affinités. — La variété de Tunisie diffère du type anglais : 1° par ses mesures micrométriques plus petites[1]; 2° par son zoarium qui n'est pas formé de deux couches adossées; 3° par la rareté relative des deux avicellaires. Ces différences ne sont pas d'ordre spécifique.

Cette espèce, par ses cellules anormales, appartient au groupe de *Membranipora Lacroixii*. Elle est très polymorphe : nos trois figures en représentent trois variations principales.

Opésie		Zoécie	
Lo = 0,29	lo = 0,16-0,17	Lz = 0,36	lz = 0,25

Localité. — Éocène inférieur du Djebel Stah (massif à l'Ouest de Gafsa).

Pl. XXXIII, Fig. 12.

6. Membranipora quadrata nov. sp.

Diagnose. *Zoarium* encroûtant. — *Zoécies* allongées, rectangulaires, toujours adjacentes; cadre très mince, épaissi et relevé aux quatre angles; opésie grande, allongée, médiane, en rectangle arrondi aux angles. — *Ovicelle?*

Opésie	
Lo = 0,43-0,50	lo = 0,32-0,36

Affinités. — Cette espèce est très bien caractérisée par sa simplicité de structure et sa forme rectangulaire très constante.

Localité. — Éocène inférieur du Djebel Stah (chaîne de Gafsa), sur *Ostrea multicostata* Desh.

Pl. XXXIII, Fig. 13, 14, 15.

7. Membranipora Flicki nov. sp.

Diagnose. *Zoarium* encroûtant. — *Zoécies* moyennes, allongées, elliptiques, adjacentes; cadre épais, relevé en tubercule aux angles, crénelé, avec une cicatrice d'épine sur chaque lobule; opésie allongée, médiane, elliptique. — *Ovicelle?*

Opésie		Zoécie	
Lo = 0,21	lo = 0,12-0,13	Lz = 0,34-0,35	lz = 0,20

Affinités. — Cette espèce est très prolifique. Elle encroûte les pierres et les

[1] Du moins si les mesures relevées sur la figure de Gregory sont à peu près exactes.

coquillages au point de les cacher tout à fait. Elle diffère de *Membranipora tuberculata* Bk du Crag anglais par l'absence du double cadre et par ses mesures micrométriques.

Localité. — Éocène moyen de Cherichira (massif à l'Ouest de Kairouan). [Collection de la Sorbonne.]

PL. XXXIV, Fig. 16, 17.

8. Membranipora bioculata nov. sp.

Diagnose. *Zoarium* encroûtant. – *Zoécies* grandes, adjacentes ou séparées par un léger sillon, subhexagonales ou arrondies; opésie totale, vaguement elliptique ou pyriforme. – *Impressions* des muscles rétracteurs du polypide grandes, antérieures, doubles [1]; impressions des muscles extenseurs du polypide petites, latérales, en nombre variable [2]. – *Ovicelle?*

Opésie..... { Lo = 0,50–0,57
lo = 0,36–0,43

Affinités. — Cette espèce est en tout point semblable à *Membranipora Buski* Greg. de l'Éocène du bassin anglo-parisien. Cependant les différences me paraissent spécifiques. D'abord elle est très grande à côté de l'espèce anglo-française qui est très petite. De plus, ses impressions musculaires sont disposées tout autrement, ce qui implique une organisation interne très différente [3]. Il est évident que ces deux espèces, avec *Membranipora Lacroixii*, forment un groupe à puissante musculature très caractéristique.

Localité. — Éocène inférieur du Djebel Blidji, sur *Ostrea Punica* Th. et sur *Ostrea* aff. *Clot-Beyi* Bellardi.

PL. XXXIV. Fig. 18.

9. Membranipora laxa Reuss [1869].

Bibliographie paléontologique :

1864. *Membranipora subtilimargo* Reuss, *Oberolig.*, p. 630, pl. 9, fig. 5.
1869. *Membranipora laxa* Reuss, *Tert. Alp.*, p. 252, pl. 36, fig. 14.

Sous le nom de *Membranipora subtilimargo* Reuss a publié diverses figures qui se rapportent à des échantillons de différentes provenances, du Crétacé au Tortonien. En 1874, il constate qu'il n'y a pas identité suffisante et il maintient le nom seulement pour les exemplaires tertiaires; mais sa figure est si différente des

(1) Je suppose que ces muscles s'attachent à la couronne tentaculaire.
(2) Ces muscles pariétaux s'attachent à l'ectocyste corné.
(3) 1900. F. Canu, *Revision des Bryozoaires crétacés* in *B. S. G.*, p. 352, fig. 5. Impressions musculaires de M. Buski.

autres que je ne puis me résoudre à le suivre. Quand il n'y a pas de mesures micrométriques, les erreurs sont très faciles parmi ces membranipores de structure très simple. Il y a une identité évidente entre les deux figures citées plus haut. Nous les avons réunies sous le nom de *Membranipora laxa* Rss. Nos échantillons de Tunisie se rapportent alors à cette espèce ainsi délimitée.

DISTRIB. GÉOLOG. — **Oligocène** du Vicentin (Rss). **Aquitanien** d'Allemagne (Rss).

TUNISIE.

DIAGNOSE. *Zoarium* encroûtant. — *Zoécies* subhexagonales, arrondies aux angles, séparées par un léger sillon, un peu plus hautes que larges; cadre très mince, légèrement crénelé; opésie subelliptique, grande. — *Oricelle?*

Opésie..... { Lo — 0,47–0,50 / lo — 0,31–0,38 }
Largeur du cadre — 0,03–0,04

AFFINITÉS. — Notre *Membranipora laxa* est voisine de *Membranipora tenuimuralis* Greg. Mais cette dernière est munie de pores avicellaires à tous les angles de jonction des cadres.

LOCALITÉ. — Djebel Nasser-Allah, sur *Cellepora retusa* Mz.

PL. XXXIV, FIG. 19.

10. Membranipora rotundicella nov. sp.

DIAGNOSE. *Zoarium* encroûtant. — *Zoécies* allongées, subrondes ou pyriformes séparées par un sillon profond; cadre assez épais, plus mince en haut qu'en bas, rond, orné de fines costules transversales; opésie subronde ou ovale, la pointe en haut.

Opésie..	Lo = 0,36. Max. = 0,43	Zoécie..	Lz = 0,50. Max. = 0,57
	lo = 0,31. Max. = 0,35		lz = 0,50. Max. = 0,53

AFFINITÉS. — Cette espèce est plus grande que *Membranipora laxa;* son cadre est plus épais. Elle est plus petite au contraire que *Membranipora bioculata* et ne présente pas comme elle des impressions musculaires.

LOCALITÉ. — Djebel Nasser-Allah, sur *Cellepora*.

PL. XXXIV, FIG. 20.

11. Onychocella angulosa Reuss [1847].

Bibliographie paléontologique :

1847. *Cellepora angulosa* Reuss, *Wien. Tert.*, p. 41, pl. 29, fig. 9-11.
1869. *Membranipora angulosa* Reuss, *Tert. Alp.*, p. 253, 262, 291, pl. 29, fig. 9-11.

1871. *Membranipora angulosa* Manzoni, *Brioz. Plioc. It.*, IV, pl. 2, fig. 10.
1875. *Membranipora angulosa* Manzoni, *Castrocaro*, p. 8, pl. 1, fig. 11.
1874. *Membranipora angulosa* Reuss, *Österr.-Ung.*, p. 185, pl. 10, fig. 13-14.
1895. *Onychocella angulosa* Neviani, *Farnesina*, p. 97, pl. 5, fig. 7.
Bibl. zool. *Membranipora antiqua* Busk, Smitt, Hincks; *Onychocella angulosa* Waters, etc.

Hab. — Cette espèce habite encore la Méditerranée jusqu'à 80 mètres de profondeur. Elle a été trouvée en outre à Madère, en Floride et en Chine.

Distrib. géolog. — Elle débute dans le **Lutétien** du bassin de Paris; puis elle est commune à tous les étages des terrains dans les pays qui avoisinent la Méditerranée. C'est un fossile très commun et très connu.

TUNISIE.

L'échantillon observé n'est pas assez bon pour la photomicrographie; mais sa détermination n'offre aucun doute.

Localité. — Djebel Nasser-Allah, sur polypier.

PL. XXXIV, Fig. 21, 22.

12. Onychocella magniaperta Greg. [1892].

1892. *Onychocella magniaperta* Gregory, *Brit. Palæg. Bryoz.*, p. 238, pl. 30, fig. 7. Ludien d'Angleterre.

Affinités. — Je crois bien que l'échantillon tunisien peut se rapporter à l'espèce anglaise. Son ouverture n'est pas transverse comme dans *Onychocella angulosa* Rss. Ce n'est pas non plus *Flustrellaria texturata* Mz., dont l'opésie est relativement plus grande.

Opésie.....	Lo = 0,21-0,24 lo = 0,14-0,18	Zoécie.....	Lz = 0,36-0,57 lz = 0,36-0,46

Localité. — Djebel Nasser-Allah.

PL. XXXIV, Fig. 23.

13. Cribrilina radiata Moll [1803].

Bibliographie paléontologique :

1803. *Eschara radiata* Moll, *Die Seerinde*, p. 63, pl. 4, fig. 7.
1847. *Cellepora scripta* Reuss, *Wien. Tert.*, p. 82, pl. 9, fig. 28.
1859. *Lepralia innominata* Busk, *Crag Polyz.*, p. 40, pl. 4, fig. 2.
1864. *Lepralia scripta* Reuss, *Oberolig.*, p. 641, pl. 15, fig. 13.
1866. *Lepralia pretiosa* Reuss, *Septarienthone*, p. 59, pl. 8, fig. 3.
1866. *Lepralia calomorpha* Reuss, *Septarienthone*, p. 62, pl. 11, fig. 10.
1869. *Lepralia innominata* Manzoni, *Brioz. Plioc. It.*, I, p. 8, pl. 2, fig. 13.

1874. *Lepralia scripta* Reuss, *Osterr.-Ung.*, p. 165, pl. 1, fig. 7, pl. 6, fig. 1.
1874. *Lepralia raricosta* Reuss, *Österr.-Ung.*, p. 166, pl. 1, fig. 8.
1875. *Lepralia innominata* Manzoni, *Castrocaro*, p. 17, pl. 7, fig. 85.
1875. *Lepralia raricosta* Manzoni, *Castrocaro*, p. 28, pl. 6, fig. 76.
1875. *Lepralia cribrilina* Manzoni, *Castrocaro*, p. 27, pl. 3, fig. 40.
1889. *Cribrilina radiata* Jelly, *A Synonymic Catalogue*, p. 68. À consulter pour la bibliographie complète.
1895. *Cribrilina radiata* De Angelis, *Bryoz. plioc. Catalùna*, p. 11, pl. B, fig. 10.
1895. *Cribrilina radiata* Neviani, *Farnesina*, p. 103, pl. 5, fig. 20-21.
Bibl. zool. *Cribrilina radiata* Smitt, Busk, Hincks, Waters, etc.

L'interminable bibliographie relative à cette espèce fut longtemps embrouillée. Mais elle est si commune que nul ne se trompe plus maintenant dans sa détermination malgré son extrême polymorphisme.

Hab. — La Méditerranée jusqu'à 80 mètres. Partout dans les deux hémisphères. C'est une des espèces les plus cosmopolites connues.

Distrib. géolog. — *Cribrilina radiata* débute dans le **Priabonien** du Vicentin. Elle existe à tous les étages et souvent abondamment.

TUNISIE.

L'échantillon observé n'est pas assez beau pour la microphotographie; mais la détermination n'offre aucun doute.

Localité. — Djebel Nasser-Allah, sur polypier.

CRIBRICELLA nov. gen.

Diagnose. Ouverture hydrostatique formée par une lamelle perforée frontale. Chaque petit pore externe aboutit à un pore interne plus gros s'ouvrant dans l'intérieur de la zoécie. Génésie formée de cellules plus grandes et de forme identique à la zoécie normale.

Type : *Eschara coscinopora* Rss. fossile.

Il est évident que la dépression au fond de laquelle est la *lamina perforata* est une hypostège constituant le système hydrostatique des espèces de ce genre. Mais nous ne pouvons savoir encore par quel mécanisme s'emplit et se vide cette hypostège. Je suppose que les fibres pariétales passent par l'ouverture interne pour aller s'insérer, après division dans les petits pores, sur l'ectocyste membraneux qui recouvre le zoarium.

PL. XXXIV, Fig. 24.

11. Cribricella crassicollis nov. sp.

Diagnose. *Zoarium* libre, bilamellaire. — *Zoécies* allongées, peu distinctes. — *Apertura* terminale, grande, oblique, elliptique et transverse, entourée d'un labelle très épais et très saillant. — *Area inférieur* (hypostège) elliptique, étroit, assez profond, long de 0,17 à 0,20, avec une *lamina perforata* à cinq trous. — *Génésie?*

Apertura ...	La = ? la = 0,12–0,14	Zoécie.	Lz = 0,57–0,64 lz = 0,40–0,35

Affinités. — Son col épais différencie nettement cette espèce de *Adeonellopsis Wetherelli* Greg. Elle diffère de *Adeona Fourtaui* C. par l'absence d'avicellaire inférieur. *Eschara ampula* D'Arch. est peut-être cette espèce; mais la figure n'indique pas de lamina perforata.

Localité. — Djebel Nasser-Allah (zone à *Pecten subtripartitus* D'Arch.).

PL. XXXIV, Fig. 25, 26.

15. Microporella violacea Jhn. [1849].

Bibliographie paléontologique :

1847. *Cellepora Heckeli* Reuss, *Wien. Tert.*, p. 85, pl. 10, fig. 10.
1852. *Lepralia violacea* Busk, *Crag Polyz.*, p. 43, pl. 4, fig. 3.
1866. *Lepralia diversipora* Reuss, *Septarienthone*, p. 60, pl. 8, fig. 3.
1869. *Lepralia violacea* Manzoni, *Brioz. Plioc. It.*, I, p. 5, pl. 1, fig. 9.
1874. *Lepralia violacea* Reuss, *Österr.-Ung.*, p. 23, pl. 6, fig. 7.
1875. *Lepralia violacea* Manzoni, *Castrocaro*, p. 23, pl. 4, fig. 43.
1880. *Lepralia radiato-foveolata* Seguenza, *Reggio*, p. 129, pl. 12, fig. 20.
1889. *Microporella Heckeli* Jelly, *A Synonymic Catalogue*, p. 184. A consulter pour la bibliographie générale.
1895. *Microporella* (*Heckelia*) *violacea* Neviani, *Farnesina*, p. 106, pl. 5, fig. 27-29.
Bibl. zool. *Microporella violacea* Busk, Hincks, Waters, etc.

C'est une espèce dimorphe qu'il conviendra peut-être de séparer du genre *Microporella*.

Hab. — Adriatique et Méditerranée; Atlantique (golfe de Gascogne, Angleterre, Floride); Pacifique (Australie); jusqu'à 70 mètres.

Distrib. géolog. — **Stampien** d'Allemagne (Rss). **Helvétien** d'Italie (Seg.). **Tortonien** d'Italie (Seg.), d'Autriche-Hongrie (Rss). **Plaisancien** d'Italie (Mz.), d'Angleterre (Bk). **Astien** d'Italie (Seg.). **Sicilien** d'Italie (Seg., Nev.). **Quaternaire** d'Italie (Seg., Nev., Mz.). **Tertiaire** d'Australie (Waters).

TUNISIE.

Les échantillons de Tunisie couvrent de grandes surfaces sur des polypiers. Ils ne sont pas assez beaux pour la microphotographie; mais leur détermination n'est pas douteuse.

Localité. — Djebel Nasser-Allah.

PL. XXXIV, Fig. 27.

16. Microporella ciliata Pall. [1766].

Bibliographie paléontologique :

1847. *Cellepora crenilabris* Reuss, *Wien. Tert.*, p. 88, pl. 10, fig. 22.
1847. *Cellepora pleuropora* Reuss, *Wien. Tert.*, p. 88, pl. 10, fig. 21.
1852. *Lepralia ciliata* Busk, *Crag Polyz.*, p. 42, pl. 7, fig. 6.
1869. *Lepralia ciliata* Manzoni, *Brioz. Plioc. It.*, III, p. 10, pl. 3, fig. 14.
1874. *Lepralia glabra* Reuss, *Osterr.-Ung.*, p. 17, pl. 4, fig. 3.
1874. *Lepralia pleuropora* Reuss, *Österr.-Ung.*, p. 13, pl. 4, fig. 12.
1875. *Lepralia ciliata* Manzoni, *Castrocaro*, p. 24, pl. 3, fig. 34.
1880. *Lepralia calabra* Seguenza, *Reggio*, p. 201, pl. 15, fig. 6.
1885. *Microporella ciliata* Neviani, *Farnesina*, p. 29, pl. 5, fig. 25.
1889. *Microporella ciliata* Jelly, *A Synonymic Catalogue*, p. 179. A consulter pour la bibliographie générale.
Bibl. zool. *Microporella ciliata* Busk, Hincks, Waters, Pergens, Barrois, Calvet, Levinsen, Nordgaard, etc.

Cette espèce, très polymorphe, comprend encore un certain nombre de variétés assez difficiles à distinguer du type, mais dont la détermination toutefois n'offre aucune difficulté.

Hab. — Espèce cosmopolite dans les deux hémisphères. Dans la Méditerranée, jusqu'à 80 mètres.

Distrib. géolog. — **Burdigalien** du Gard (C. C.). **Helvétien** du Gard et de l'Hérault (C. C.), de Touraine (C. C.), d'Italie (Seg.). **Tortonien** d'Italie (Seg.), d'Autriche-Hongrie (Rss). **Sahélien** d'Oran (C. C.). **Plaisancien** d'Italie (Mz., Nev., Seg.), d'Angleterre (Bk). **Astien** d'Italie (Seg.). **Sicilien** d'Italie (Nev., Mz., Seg., Wat.). **Quaternaire** d'Italie (Nev., Mz., Wat.).

TUNISIE.

Les exemplaires de Tunisie se rapportent au type ou à la variété de Castrocaro.

Localité. — Djebel Nasser-Allah, sur *Ceratotrochus* et sur *Ostrea*.

PL. XXXIV, Fig. 28, 29.

17. Hippoporina hypsostoma Rss [1874].

Bibliographie paléontologique :

1874. *Lepralia hypsostoma* Reuss, *Osterr.-Ung.*, p. 22, pl. 5, fig. 9-10.
? 1879. *Lepralia grandis* Seguenza, *Reggio*, p. 199, pl. 15, fig. 4.
? 1900. *Lepralia grandis* Neviani, *Calabria*, p. 217.

Neviani ne pense pas que *Lepralia grandis* Seg. soit l'espèce de Reuss. Les mesures micrométriques relevées sur la figure de Seguenza sont en effet un peu plus grandes que les mesures réelles. De plus, il y a autour de l'apertura une collerette crénelée qui n'existe pas dans *Hippoporina hypsostoma* Rss. Mais en tenant compte des fantaisies qui accompagnent souvent les figures de Seguenza, je crois pouvoir affirmer, sinon l'identité des deux espèces, du moins leur rapprochement étroit.

Distrib. géolog. — **Helvétien** du Gard (C. C.). **Tortonien** d'Autriche-Hongrie (Rss). **Sahélien** d'Oran (C. C.). ?**Plaisancien** d'Italie (Seg.).

TUNISIE.

Diagnose. *Zoarium* encroûtant. — *Zoécies* énormes, allongées, ventrues, très convexes, séparées par un sillon profond; la frontale ornée totalement ou partiellement de grosses ponctuations quinconciales. — *Apertura* ovale, allongée, terminale, légèrement étranglée latéralement (coarctata), bordée d'un péristome tranchant, trifoliée dans les zoécies ovariennes. — *Avicellaire* latéral, saillant, très grand, la pointe tournée un peu en haut et à l'extérieur de la zoécie. — *Ovicelle* globuleux, énorme, aplati latéralement ou costulé, avec un bourrelet oral, s'ouvrant verticalement au-dessus de l'apertura.

Apertura.......	La = 0,25 la = 0,21	Zoécie.....	Lz = 0,71-1,00 lz = 0,70

Variations. — Bien que très caractéristique, cette espèce est polymorphe. Les zoécies sont fréquemment plus courtes et plus larges que les zoécies normales. C'est le cas de notre figure 28. L'ovicelle est constitué par deux couches calcaires souvent visibles: la rupture de la couche supérieure figure quelquefois une fausse ouverture.

Les échantillons de Tunisie sont de toute beauté.

Localité. — Djebel Nasser-Allah, sur polypier.

PL. XXXIV, Fig. 30.

18. Celleporella Castrocarensis Mz. [1875].

Bibliographie paléontologique :

1875. *Celleporella Castrocarensis* Manzoni, *Castrocaro*, p. 33, pl. 5, fig. 57.
1893. *Schizoporella Castrocarensis* Neviani, *Brioz. foss. Ital.*, contr. 2, p. 24.

Neviani croit devoir rapporter cette espèce à *Schizoporella* en raison de la sinuosité inférieure souvent observée au bord antérieur de l'apertura. J'ai constaté la même sinuosité. Mais je ne pense pas qu'elle puisse être assimilée au sinus caractéristique de *Schizoporella*.

Distrib. géolog. — **Plaisancien** d'Italie (Mz.).

TUNISIE.

Variations. — La magnifique figure de Manzoni ne laisse aucun doute sur notre détermination. Mais je crois devoir appeler l'attention sur diverses particularités non signalées par les auteurs italiens. L'apertura s'ouvre quelquefois avec un petit labelle inférieur. L'ovicelle, si l'échantillon de Tunisie n'est pas altéré, paraît être divisé en petits compartiments radiaux.

Apertura.......	La = 0,07 la = 0,08	Zoécie.....	Lz = 0,30-0,36 lz = 0,21

Localité. — Djebel Nasser-Allah, sur polypier.

PL. XXXIV, Fig. 31.

19. Schizoporella unicornis Johnston [1849].

Bibliographie paléontologique :

1847. *Cellepora tetragona* Reuss, *Wien. Tert.*, p. 78, pl. 9, fig. 19.
1847. *Cellepora Dunkeri* Reuss, *Wien. Tert.*, p. 90, pl. 10, fig. 27.
1859. *Lepralia unicornis* Busk, *Crag Polyz.*, p. 45, pl. 5, fig. 4.
1859. *Lepralia ansata* Busk, *Crag Polyz.*, p. 45, pl. 7, fig. 2.
1869. *Lepralia tetragona* Manzoni, *Brioz. Plioc. It.*, p. 22, pl. 1, fig. 10.
1869. *Lepralia spinifera* var. *unicornis* Manzoni, *Brioz. Plioc. It.*, I, p. 23, pl. 2, fig. 11.
1869. *Lepralia unicornis* Manzoni, *Brioz. Plioc. It.*, III, p. 8, pl. 2, fig. 10.
1869. *Lepralia ansata* Manzoni, *Brioz. Plioc. It.*, p. 9, pl. 2, fig. 9.
1874. *Lepralia ansata* Reuss, *Österr.-Ung.*, p. 18, pl. 6, fig. 12.
1874. *Lepralia ansata* var. *porosa* Reuss, *Österr.-Ung.*, p. 18, pl. 6, fig. 13.
1874. *Lepralia ansata* var. *tetragona* Reuss, *Österr.-Ung.*, p. 19, pl. 7, fig. 1-3.
1875. *Lepralia ansata* Manzoni, *Castrocaro*, p. 19, pl. 2, fig. 24.
1880. *Lepralia radiato-porosa* Seguenza, *Reggio*, p. 129, pl. 12, fig. 19.
1880. *Eschara quadrilatera* Seguenza, *Reggio*, p. 207, pl. 15, fig. 15.
1895. *Schizoporella unicornis* Neviani, *Farnesina*, p. 114, pl. 6, fig. 8-11.
Bibl. zool. *Schizoporella unicornis* Hincks, Pergens, Busk, Waters, etc.

En raison de son cosmopolitisme et de son polymorphisme, la bibliographie de cette espèce fut longtemps embrouillée. Mais elle est si commune qu'elle est maintenant très connue de tous les bryozoologistes.

Hab. — Cosmopolite dans tout l'hémisphère Nord. Elle est très abondante dans la Méditerranée jusqu'à 70 mètres.

Distrib. géolog. — Elle débute dans le **Priabonien** du Vicentin et le **Sannoisien** de Paris. Elle est commune ensuite à tous les étages, en Angleterre, en France, en Italie, en Autriche-Hongrie, en Russie, en Algérie.

TUNISIE.

Les échantillons de Tunisie ne sont pas assez beaux pour être microphotographiés. Nous donnons la figure de Manzoni, qui s'y rapporte le plus.

Localité. — Djebel Nasser-Allah, sur polypier.

PL. XXXIV, Fig. 32.

20. Schizoporella linearis Hassall [1841].

Bibliographie paléontologique :

1847. *Cellepora tenella* Reuss, *Wien. Tert.*, p. 94, pl. 11, fig. 16.
1851. *Cellepora tenella* Reuss, *Oberschlesiens*, p. 167, pl. 8, fig. 12-13.
1869. *Lepralia rudis* Manzoni, *Brioz. Plioc. It.*, I, p. 2, pl. 1, fig. 2.
1869. *Lepralia linearis* Manzoni, *Brioz. Plioc. It.*, III, p. 5, pl. 1, fig. 4.
1874. *Lepralia tenella* Reuss, *Österr.-Ung.*, p. 23, pl. 6, fig. 3-5.
1875. *Lepralia linearis* Manzoni, *Castrocaro*, p. 30, pl. 3, fig. 36.
Bibl. zool. *Schizoporella linearis* Hincks, Pergens, Waters, Levinsen, Calvet, Nordgaard, etc.

Hab. — Atlantique oriental, jusqu'en Norwège et jusqu'à 500 mètres; Adriatique, Méditerranée, jusqu'à 70 mètres.

Distrib. géolog. — **Burdigalien** d'Espagne (De Ang.), du Gard (C. C.). **Helvétien** d'Italie (Seg.), du Gard (C. C.). **Tortonien** d'Autriche-Hongrie (Rss), de Serbie (Perg.), d'Italie (Seg.). **Sahélien** d'Oran (C. C.). **Plaisancien** d'Italie (Seg., Nev.). **Sicilien** d'Italie (Seg., Nev.). **Quaternaire** d'Italie (Seg., Nev.).

TUNISIE.

La détermination des spécimens fossiles de cette espèce offre souvent certaines difficultés en raison de son polymorphisme. Mais ici nous sommes en présence d'un échantillon absolument typique.

Localité. — Djebel Nasser-Allah, sur polypier.

PL. XXXIV, Fig. 33, 34, 35.

21. Schizoporella auriculata Hassall [1842].

Bibliographie paléontologique :

1847. *Cellepora protuberans* Reuss, *Wien. Tert.*, p. 89, pl. 10, fig. 26.
1847. *Cellepora Partschii* Reuss, *Wien. Tert.*, p. 92, pl. 11, fig. 8.
1869. *Lepralia rudis* var. *granulose-foveolata* Manzoni, *Brioz. Plioc. It.*, I, p. 3, pl. 1, fig. 3.
1869. *Lepralia Boverbankiana* Manzoni, *Brioz. Plioc. It.*, I, p. 3, pl. 1, fig. 5.
1874. *Lepralia Partschii* Reuss, *Österr.-Ung.*, p. 28, pl. 5, fig. 12-13.
1880. *Lepralia pratensis* Seguenza, *Reggio*, p. 205. 370, pl. 15, fig. 11.
1895. *Schizoporella auriculata* M. Gill., *Tert. Pol. Vict.*, p. 84, pl. 11, fig. 16.
Bibl. zool. *Schizoporella auriculata* Hincks, Waters, Pergens.

La détermination des spécimens fossiles de cette espèce n'est pas sans difficulté en raison de ses étonnantes variations. J'ai eu entre les mains plus de cinquante échantillons du Miocène du Gard et de l'Hérault et j'ai pu me convaincre que toutes les espèces citées plus haut en synonymie sont parfaitement identiques.

Hab. — Atlantique oriental : de Madère en Norwège; Méditerranée, jusqu'à 60 mètres.

Distrib. géolog. — **Burdigalien** du Gard (C. C.). **Helvétien** du Gard et de l'Hérault (C. C.). **Tortonien** d'Autriche-Hongrie (Rss), de Serbie (Perg.). **Plaisancien** d'Italie (Seg.). **Sicilien** d'Italie (Nev., Mz.). **Quaternaire** d'Italie (Mz., Nev.). **Tertiaire** d'Autriche (Mz., Seg.).

TUNISIE.

Affinité. — Les exemplaires de Tunisie se rapportent évidemment à *Cellepora protuberans* Rss, espèce qu'il ne cite plus en 1874. C'est une variation qui n'est pas rare actuellement dans la Méditerranée.

Localité. — Djebel Nasser-Allah, sur polypier.

PL. XXXV, Fig. 36.

22. Mastigophora Hyndmanni Johnston [1847].

Bibliographie paléontologique :

1875. *Lepralia crassilabra* Manzoni, *Castrocaro*, p. 25, pl. 3, fig. 38.
1889. *Mastigophora Hyndmanni* Jelly, *A Synonymic Catalogue*, p. 141. À consulter pour la bibliographie générale.

Hab. — Atlantique tempérée : Madère, Floride, Angleterre, France. Elle n'a pas encore été signalée dans la Méditerranée.

Distrib. géolog. — Toujours très rare. **Helvétien** d'Italie (Seg., Nev.). **Plaisancien** d'Italie (Mz., Seg.). **Sicilien** d'Italie (Nev.).

TUNISIE.

Les échantillons de Tunisie sont excellents et des plus typiques.

Apertura........	La = 0,08	Zoécie.....	Lz = 0,50-0,58
	la 0,14		lz = 0,36-0,42

Localité. — Djebel Nasser-Allah, sur polypier.

PL. XXXV, Fig. 37.

23. Phylactella? orbiculata nov. sp.

Diagnose. *Zoarium* encroûtant. - *Zoécies* petites, allongées, subelliptiques, légèrement convexes, séparées par un sillon peu profond. – *Aper-*

tura terminale, ronde, entourée d'un labelle peu saillant, mince, variable de forme et de grandeur. — *Ovicelle* petit, saillant, subglobuleux. — *Ancestrule* petit, membraniporoïde.

Apertura	La = ?	Zoécie.	Lz = 0,31
	la = 0,11		lz = 0,25–0,28

Affinités. — Je crois bien que c'est *Smittia* (*Phylactella*) *adpressa* Seg. Mais les mesures micrométriques relevées sur la figure de Seguenza sont si différentes des nôtres que je n'ose pas faire l'assimilation.

Localité. — Djebel Nasser-Allah, sur polypier.

PL. XXXV, Fig. 38.

24. Phylactella ventricosa nov. sp.

Diagnose. *Zoarium* encroûtant. — *Zoécies* grandes, allongées, ventrues ou claviformes, peu convexes, à frontale poreuse. — *Apertura* des zoécies ordinaires transverse, elliptique, terminale, saillante en tube, entourée d'un péristome tranchant interrompu inférieurement. *Apertura* des zoécies ovariennes tubuleuse, élargie inférieurement en une lèvre inférieure, et portant au fond la lyrule caractéristique du genre. — *Ovicelle* petit, globuleux, transverse. — *Avicellaire* latéral, énorme, déformant la zoécie.

Apertura	La = 0,09	Zoécie.	Lz = 0,85
	la = 0,21		lz = 0,64

Affinités. — *Schizoporella congesta* Seg. est voisine de cette espèce; mais les zoécies ovariennes ne sont pas labellées et l'ovicelle est beaucoup plus grand.

Localité. — Djebel Nasser-Allah (zone à *Pecten subtripartitus* d'Arch.)

PL. XXXV, Fig. 39, 40, 41, 42.

25. Cellepora retusa Manzoni [1875].

Bibliographie paléontologique :

1875. *Cellepora retusa* Manzoni, *Castrocaro*, p. 35, pl. 5, fig. 59.

Cette espèce n'est pas du tout *Cellepora globularis* Br. ni *Cellepora costata* Mz., Seg. comme l'entendent Waters, Jelly, Neviani, etc. Je l'établirai par d'excellentes figures.

Distrib. géolog. — **Helvétien** d'Italie (Seg.). **Plaisancien** d'Italie (Seg., Mz.). **Astien** d'Italie (Seg.).

TUNISIE.

VARIATIONS. — Les échantillons de Tunisie sont libres. Ils présentent les deux avicellaires oraux caractéristiques de l'espèce, peut-être plus petits et moins constants. Il y a de grands avicellaires intercalés.

LOCALITÉ. — Djebel Nasser-Allah.

PORICELLA nov. gen.

DIAGNOSE. *Zoécies* convexes, perforées de plusieurs micropores. — *Apertura* semi-lunaires. — *Génésies* de même forme que les autres zoécies, mais de dimensions plus grandes et perforées par un plus grand nombre de pores. — *Avicellaires intercalés.* — Lutétien, Actuelle.

Type : *Poricella maçonnica.*

AFFINITÉS. — Ce genre comprend les trois sortes de zoécies qui caractérisent la famille des Adéonées de Busk. Ses perforations dorsales le rapprochent des Hiantoporidées de Mac Gillivray, mais elles n'ont peut-être pas la même fonction.

La forme de la bouche indique que le système hydrostatique n'est pas oral. Les pores frontaux sont donc les traces de ce système. Deux hypothèses sont possibles : ou chaque pore est l'ouverture d'une compensatrice; ou les pores sont le passage des fibres pariétales qui viennent s'attacher à l'ectocyste membraneux. Il faudrait pouvoir réaliser des études sur le vivant.

PL. XXXV, FIG. 43.

26. Poricella maçonnica nov. sp.

DIAGNOSE. *Zoarium* encroûtant. — *Zoécies* petites, convexes, allongées. — *Apertura* terminale, transverse, avec un bord inférieur légèrement arqué. — *Perforations frontales* au nombre de trois, en triangle sur les zoécies ordinaires et plus nombreuses sur les génésies. — *Génésies* de dimensions plus grandes. — *Avicellaires* intercalés, plus petits que les zoécies, assez rares.

Zoécie.	La = 0,07 la = 0,08 Lz = 0,30-0,33 lz = 0,21	Génésie.	La = 0,11 la = 0,14 Lz = 0,36 lz = 0,30

AFFINITÉS. — J'ai trouvé dans le bassin de Paris une espèce très voisine qui n'est pas encore décrite. Cette découverte montre la grande ancienneté du genre. Je ne vois aucune autre espèce fossile à laquelle l'espèce tunisienne puisse être comparée.

LOCALITÉ. — Éocène inférieur du Djebel Blidji vers le Nord, sur *Ostrea Punica* Th.

PL. XXXV, Fig. 44.

27. Diastopora suborbicularis Hincks [1889].

Bibliographie paléontologique :

1859. *Diastopora simplex* Busk, *Crag Polyz.*, p. 113, pl. 20, fig. 10.
1875. *Diastopora patina* Manzoni, *Castrocaro*, p. 44, pl. 7, fig. 77.
Bibl. zool. *Diastopora suborbicularis* Hincks, Waters, Calvet.

L'espèce de Manzoni n'est pas du tout *D. patina* H. Les auteurs italiens qui ont admis sa figure se sont absolument trompés. Elle représente une variation très fréquente dans le Miocène français de *D. suborbicularis* H.

Hab. — Atlantique jusqu'à 180 mètres; Pacifique en Australie; Méditerranée.

Distrib. géolog. — **Priabonien** du Vicentin (W.). **Burdigalien** du Gard (C. C.). **Helvétien** du Gard et de l'Hérault (C. C.). **Sahélien** d'Algérie (C. C.). **Plaisancien** d'Italie (Mz., Seg.), d'Angleterre (Bk). **Sicilien** d'Italie (Seg., Nev.). **Quaternaire** d'Italie (Seg., Nev.). **Tertiaire** d'Australie et de Nouvelle-Zélande (W.).

TUNISIE.

L'échantillon recueilli par M. Thomas appartient certainement à cette espèce. Un peu usé, il rappelle la figure de Manzoni.

Localité. — Djebel Nasser-Allah, sur *Cellepora*.

PL. XXXV, Fig. 45, 46, 47.

28. Heteropora clavata Goldf. [1829].

Bibliographie paléontologique :

1829. *Ceriopora clavata* Goldf., *Petr. Germ.*, p. 36, pl. 10, fig. 15.
1847. *Heteropora anomalapora* Reuss, *Wien. Tert.*, p. 34, pl. 5, fig. 17-18.
1859. *Heteropora clavata* Busk, *Crag Polyz.*, p. 123, pl. 19, fig. 17.

Distrib. géolog. — **Tortonien** d'Autriche-Hongrie (Rss). **Plaisancien** d'Angleterre (Bk).

TUNISIE.

Affinités. — Le petit échantillon de Tunisie se rapporte aux figures de Reuss et de Busk. Mais sans voir les originaux et sans mesures micrométriques, il est toujours prudent de ne pas se prononcer avec exactitude. Pour l'instant, dans cette famille des *Cerioporidæ*, il importe surtout de donner d'excellentes figures. C'est ce que nous avons fait.

Localité. — Djebel Nasser-Allah.

PL. XXXV, FIG. 48, 49, 50.

29. Ceriopora phlyctænodes Reuss [1847].

Bibliographie paléontologique :

1847. *Ceriopora phlyctænodes* Reuss, *Wien. Tert.*, p. 34, pl. 5, fig. 15-16.
1874. *Ceriopora phlyctænodes* Reuss-Manzoni, *Austr.-Ungh.*, p. 18, pl. 11, fig. 12.

DISTRIB. GÉOLOG. — **Tortonien** d'Autriche-Hongrie.

TUNISIE.

AFFINITÉS. — Le petit échantillon de Tunisie est très bien conservé. Il montre nettement au moins deux couches superposées. Comme la grande majorité des espèces de cette famille des Cérioporidées, celle-ci n'est probablement qu'un Lichénopore plus ou moins modifié.

LOCALITÉ. — Djebel Nasser-Allah.

RÉPARTITION GÉOLOGIQUE.

ÉOCÈNE INFÉRIEUR.

N°s.	Pages.	
3	14	MEMBRANIPORA VARIANS nov. sp. – Djebel Seldja.
4	15	MEMBRANIPORA EXCAVATA nov. sp. – Oued-el-Aachen.
5	15	MEMBRANIPORA EOCENA Busk. – Djebel Stah. Thanetien d'Angleterre.
6	16	MEMBRANIPORA QUADRATA nov. sp. – Djebel Seldja.
8	17	MEMBRANIPORA BIOCULATA nov. sp. – Djebel Blidji.
2	14	MEMBRANIPORA LACROIXII Auct. – Éocène inférieur du Djebel Blidji. Débute dans l'Oligocène de Buda.
26	28	PORICELLA MAÇONNICA nov. sp. – Éocène inférieur du Djebel Blidji.

ÉOCÈNE MOYEN.

N°s.	Pages.	
1	13	MEMBRANIPORA ELLIPTICA Reuss. – Djebel Nasser-Allah. Débute dans le Crétacé.
7	16	MEMBRANIPORA FLICKI nov. sp. – Cherichira.

DJEBEL NASSER-ALLAH.

(Niveau supérieur à Polypiers et à Bryozoaires.)

NUMÉROS.	PAGES.	ESPÈCES.	ÉOCÈNE.	PRIABONIEN.	SANNOISIEN.	STAMPIEN.	AQUITANIEN.	BURDIGALIEN.	HELVÉTIEN.	TORTONIEN.	SAHÉLIEN.	PLAISANCIEN.	ASTIEN.	SICILIEN.	QUATERNAIRE.	ACTUELLE.
1	13	Membranipora elliptica Rss.	+	+	+	+	+	+	+	+	+	.	.	.	.	?
9	17	Membranipora laxa Rss.	.	.	.	+	+	.	.	.	.	.	.	.	.	.
10	18	Membranipora rotundicella nov. sp.	.	.	.	.	.	.	.	.	.	.	.	.	.	.
11	18	Onychocella angulosa Rss.	+	+	+	+	+	+	+	+	+	+	+	+	+	+
12	19	Onychocella magniaperta Greg.	.	+	.	.	.	.	.	.	.	.	.	.	.	.
13	19	Cribrilina radiata Moll.	.	+	+	+	+	+	+	+	+	+	+	+	+	+
14	20	Cribricella crassicollis nov. sp.	.	.	.	.	.	.	.	.	.	.	.	.	.	.
15	21	Microporella violacea Jh.	.	.	.	+	.	.	+	+	.	+	+	+	+	+
16	22	Microporella ciliata Pall.	.	.	.	.	.	+	+	+	+	+	+	+	+	+
17	22	Hippoporina hypsostoma Rss.	.	.	.	.	.	.	+	+	+	?	.	.	.	.
18	23	Celleporella Castrocarensis Mz.	.	.	.	.	.	.	.	.	.	+	.	.	.	.
19	24	Schizoporella unicornis Jh.	.	+	+	+	+	+	+	+	+	+	+	+	+	+
20	25	Schizoporella linearis Hass.	.	.	.	.	.	+	+	+	+	+	.	+	+	+
21	25	Schizoporella auriculata Hass.	.	.	.	.	.	+	+	+	.	+	.	+	+	+
22	26	Mastigophora Hyndmanni Jh.	.	.	.	.	.	.	+	.	.	+	.	+	+	+
23	26	Phylactella orbiculata nov. sp.	.	.	.	.	.	.	.	.	.	.	.	.	.	.
24	27	Phylactella ventricosa nov. sp.	.	.	.	.	.	.	.	.	.	.	.	.	.	.
25	27	Cellepora retusa Mz.	.	.	.	.	.	.	+	.	.	+	+	.	.	.
27	29	Diastopora suborbicularis H.	.	+	.	.	.	+	+	.	+	+	.	+	+	+
28	29	? Heteropora clavata Goldf.	.	.	.	.	.	.	.	+	.	+	.	.	.	.
29	30	? Ceriopora phlyctaenodes Rss.	.	.	.	.	.	.	.	+	.	.	.	.	.	.

La partie supérieure du Djebel Nasser-Allah m'a été donnée comme appartenant à l'Éocène supérieur. Toutefois l'interprétation de la faunule bryozoaire recueillie à ce niveau ne paraît pas s'adapter tout à fait avec cette conclusion.

Cette faunule est assez importante puisqu'elle comprend 18 espèces, dont 16 sont de détermination absolument certaine. Mais des recherches spéciales n'ayant pas été faites, il n'est pas étonnant qu'elle soit quelque peu hétérogène : les Cyclostomes notamment ne sont pas en proportion des Cheilostomes, et les espèces libres ne sont pas en rapport avec les espèces encroûtantes, qui dominent trop. Il est donc téméraire de porter un jugement très affirmatif. Des conjectures seules sont possibles.

En consultant notre tableau, nous relevons :

Éocène : 6 espèces, dont 1 spéciale;
Oligocène : 6 espèces, dont 2 spéciales;
Miocène : 11 espèces, dont 1 spéciale;
Pliocène : 11 espèces dont 1 spéciale;
Quaternaire : 9 espèces;
Actuelle : 9 espèces.

Cette proportion de 9 espèces vivantes sur 18 classe donc cette faunule dans le Miocène.

TABLE ALPHABÉTIQUE.

(Les caractères *italiques* indiquent les synonymes.)

(1) Ces planches forment un fascicule sous le titre d'*Illustrations des Bryozoaires tertiaires de la région Sud de la Tunisie.*

www.ingramcontent.com/pod-product-compliance
Lightning Source LLC
LaVergne TN
LVHW050503160826
845677LV00003B/915

* 9 7 8 2 3 2 9 6 6 4 8 1 1 *